U0155407

哈哈哈！有趣的动物（第二辑）

虱子

〔法〕蒂埃里·德迪厄 著

大南南 译

湖南教育出版社

·长沙·

“想要找到虱子，只需根据指示牌前进。”

虱子有 3 对爪子，每个爪子上都有钩子。

虱子不会跳，也不会飞，
而是从一个头顶爬到另一个头顶上。

它喜欢温暖的脑袋。

虱子是个吸血鬼！
它只吃血。

虱子一天吃三顿饭。

被虱子叮咬后，皮肤会瘙痒。

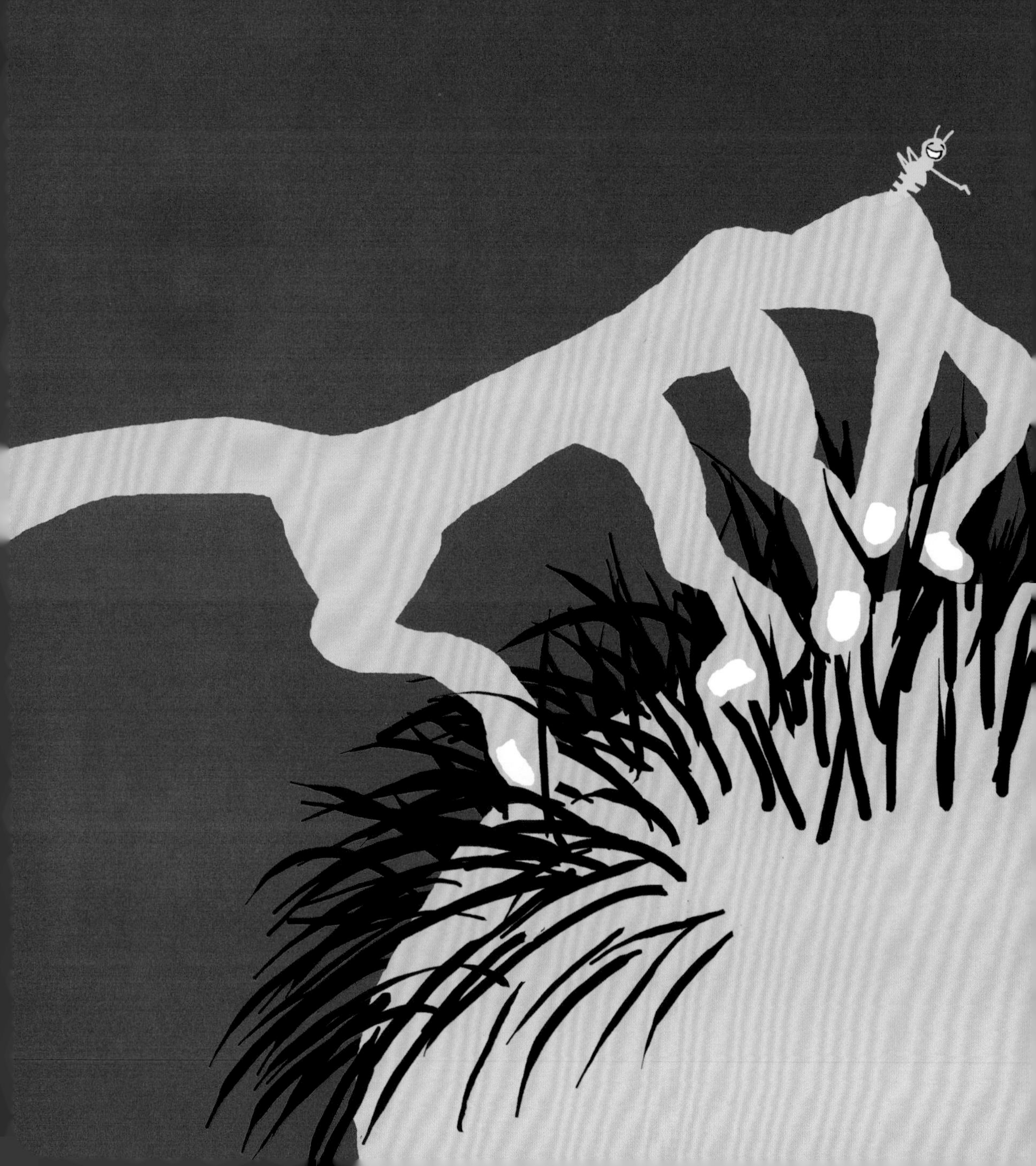

当我们近距离观察虱子时，
会发现：这家伙可真丑啊！

虱子一生可能产下
300 多个虱卵，
虱卵会紧紧地
粘在头发上。

虱子没有天敌。

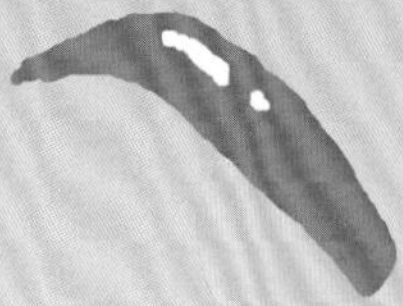

除了妈妈！

妈妈！

如何带着一岁的孩子读《哈哈哈！有趣的动物》

一岁的孩子就能读科普书？

没错，因为这是永田达爷爷特别为低龄小朋友准备的启蒙科普书。家长们会发现，这本书的文字量很少，画面传递的信息非常精简，但是非常有趣，特别适合爸爸妈妈跟孩子进行亲子阅读。

赶紧和孩子一起打开这本《虱子》，跟着永田达爷爷一起来观察虱子吧！

让孩子数一数虱子有几只爪子，猜一猜每只爪子上那个弯弯的钩子有什么作用。虱子既不会跳，也不会飞，那么它是怎么跑到人的头上的呢？虱子寄生在人或者动物的毛发上，它吃什么？它一天得吃几顿？请孩子近距离看看虱子的样子，他一定不愿意这个“丑八怪”住到自己的头发里。而且被虱子咬了，皮肤会非常非常痒。那么请孩子想一想，我们有什么办法能远离虱子？虱子没有天敌，它只怕一种人，是谁呢？

图书在版编目（CIP）数据

哈哈哈！有趣的动物. 第二辑. 虱子 /（法）蒂埃里・德迪厄著；大南南译. —长沙：湖南教育出版社，2022.11
ISBN 978-7-5539-9285-3

Ⅰ. ①哈… Ⅱ. ①蒂… ②大… Ⅲ. ①虱科－儿童读物 Ⅳ. ①Q95-49

中国版本图书馆CIP数据核字（2022）第190681号

HAHAHA! YOUQU DE DONGWU DI-ER JI SHIZI
哈哈哈！有趣的动物 第二辑 虱子

责任编辑：姚晶晶 陈慧娜 李静茹
责任校对：王怀玉
封面设计：熊 婷
出版发行：湖南教育出版社（长沙市韶山北路443号）
电子邮箱：hnjycbs@sina.com
客服电话：0731-85486979
经 销：湖南省新华书店
印 刷：长沙新湘诚印刷有限公司
开 本：787 mm × 1092 mm 1/16
印 张：1.75
字 数：10千字
版 次：2022年11月第1版
印 次：2022年11月第1次印刷
书 号：ISBN978-7-5539-9285-3
定 价：152.00 元（全8册）

本书若有印刷、装订错误，可向承印厂调换。